一脚踏进美食世界

美国世界图书出版公司 / 著　　柳玉 / 译

WORLD BOOK　小猛犸童书

U0183775

大蒜

电子工业出版社
Publishing House of Electronics Industry
北京·BEIJING

目 录

写在前面

　　这本书里有一些可以让你"一口吃遍世界"的美味菜谱。开始阅读之前，请先翻到第47页看一下温馨提示。仔细阅读书中的菜谱，在使用刀具或燃气灶时，记得一定要找大人帮忙。另外，团队协作会使做饭这件事变得更简单也更有趣。快来试试吧！

想不想来一场食物大冒险？就让我来做导游吧，带你踏上这段环游世界的美味旅程，让你对我有一个全方位的了解……

接下来你们将了解关于我的历史，在这个过程中我们会发现一些有趣的事情，顺便再学着做几道美食。

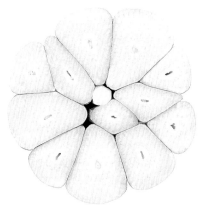

我就是

大蒜！

在我们环游世界的旅程中，你或许会遇到一些新的词汇。如果用简单的语言就能解释清楚，我会在你读到这个词的地方直接加以解释；如果这个词我用了很多次，或者解释起来比较麻烦，我会把那个词**加粗并变色**（看起来像这样的字体）显示。加粗显示的词汇会在本书末尾的词汇表中给出详细释义。

什么是

大蒜？

人们种植大蒜通常是为了吃它辛辣的鳞茎，即大蒜长在地下的球形部分。大蒜的味道很重且气味强烈。厨师们爱大蒜就是因为它有强烈的味道，而农民们爱它则是因为它种植起来很简单。

数千年来，大蒜在世界范围内一直被用于烹饪和医药，也曾被用于宗教和封建迷信。而现在，有的人几乎做什么菜都会放几粒大蒜，因为它既可以用于给烘焙、油炸、烤制或者煎制的食物调味，也可以用于酱料、肉菜、香肠、汤、沙拉、炒菜和其他食材的制作中。

大蒜的英语单词garlic一词源于盎格鲁-撒克逊语，gar的意思是"矛"，lac的意思是"植物"。这个名字可能更多的是指大蒜植株的矛形叶子。盎格鲁-撒克逊人是公元4世纪和5世纪定居于现英格兰的日耳曼人。

我是大蒜医生！

是蔬菜还是草药？

有的人将大蒜归为蔬菜，而有的人则把它归为功能强大的草药或者香料，还有的人说，它既不是蔬菜也不是草药，但大多数时候，人们认为大蒜既是一种蔬菜又是一种草药。大蒜可以像某些蔬菜一样生吃（但不经常这么吃），还能以生大蒜或者大蒜粉的形式作为调料来给食物调味，或者是作为保健品使用。大蒜还被用作草药加入很多药物中，以预防和治疗多种疾病。

近距离观察大蒜植株

大蒜植株大概能长到0.61米高，一个大蒜鳞茎有好几瓣，叫作蒜瓣。蒜瓣可以吃也可以用于种植。每个蒜瓣和整个鳞茎都覆盖着膜质鳞片，又称为蒜皮。

大蒜几乎可以在任何气候条件下生长，通常是在秋末冬初时种植，大概是地面结冰前的4~6个星期内。

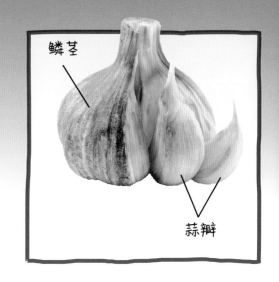

鳞茎

蒜瓣

干杯！

大蒜植株大概需要9个月的时间才能使它的鳞茎完全成熟，这时通常就到了夏季。鳞茎既可以整个晒干了进行售卖，也可以磨成粉末后再销售，甚至还可以榨汁！

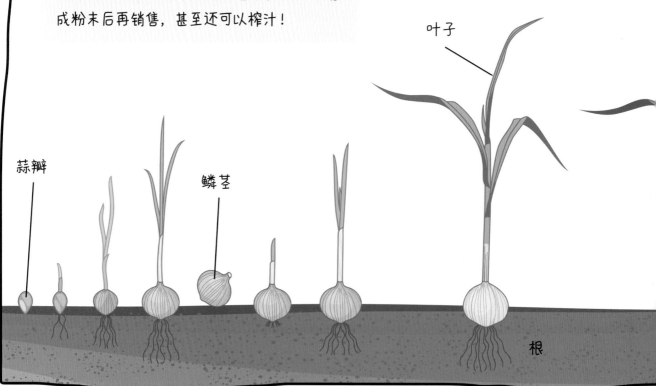

叶子

蒜瓣

鳞茎

根

大蒜和洋葱是亲戚关系，它们同属于百合科。大蒜的拉丁文名叫Allium Sativum，Allium和拉丁词olere有关，意思为"闻"，sativum一词在拉丁语里可能有播种的意思。

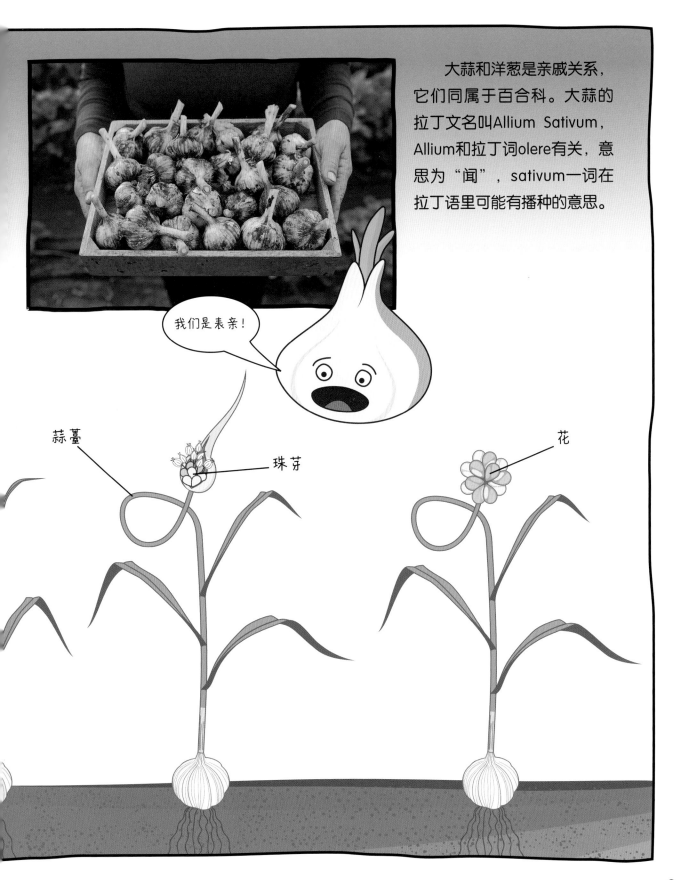

我们是表亲！

蒜薹

珠芽

花

当大蒜在晚春发芽的时候，会在一根长长的绿色的卷曲茎，即蒜薹的顶端长出一簇簇白色或者粉色的小花。这些繁星点点的花球看起来很美。

蒜薹也很好吃！可以做成沙拉或者炒着吃。

你说谁臭呢？！

臭臭的玫瑰！

臭臭的玫瑰和刺鼻的玫瑰都是大蒜的绰号。古时候，希腊人管大蒜叫Scorodon，后来这个词被翻译成Skaionradon，意思即是"刺鼻的玫瑰"或者"臭臭的玫瑰"。

一些人种植大蒜只是为了欣赏它的"花"，但那并不是真正的花。"大蒜花"其实是长在地面上的大蒜**珠芽**或者种子。一颗珠芽里有一百多个小蒜瓣，这些小蒜瓣和长在地里的鳞茎是一样的。

77

各种各样的大蒜

世界各地种植着数百种不同种类的大蒜，这些大蒜有不同的形状、大小和颜色，味道吃起来不一样，每个鳞茎里蒜瓣的数量也不一样。但是，大蒜通常分为最常见的两种——软茎大蒜和硬茎大蒜。

软茎大蒜是我们常吃的品种，也是在超市的农产品区最容易找到的品种。软茎大蒜的味道比较柔和，有着软软的、带有韧性的，像草一样的茎，可以很容易将其编成好看的辫子。

软茎大蒜的鳞茎很小，每一个有12~20个蒜瓣，且鳞茎外面的蒜皮是奶黄色或者玫瑰色的。软茎大蒜的植株一般不像硬茎大蒜的植株那样会长花头。

这么多美味的大蒜！

硬茎大蒜的茎缺乏韧性，所以无法辫在一起。它有多种不同的口味，有辣的、甜的，有刺鼻的气味。也可以说，它吃起来更有大蒜味。硬茎大蒜鳞茎的蒜瓣数量少但个头大，大概有4~10个蒜瓣，能长出花茎或者花头。硬茎大蒜的颜色也很多，有白色、红色、棕色或者紫色等。

大蒜太好吃啦！

很多人一年要吃掉300瓣蒜，约有1千克重。

熊蒜，又叫作野生大蒜，是一种生长在潮湿的树林、沼泽地、森林边缘或河边的野生地被植物，常为绿色，开着绿白相间的星星形状的花朵。一般在看到熊蒜之前就可以闻到它的味道！

熊蒜还有几种其他叫法，像阔叶葱、野韭菜、魔鬼的大蒜、木蒜、田蒜、鸦蒜、吉卜赛洋葱等。熊蒜的鳞茎和其油亮的绿叶，在世界各地都被用来食用和制药。

熊蒜的整个植株包括花都可以吃，还可以添加到沙拉、酱汁、黄油、奶酪酱或者土豆泥中食用。

我来自一个相当庞大的家族！

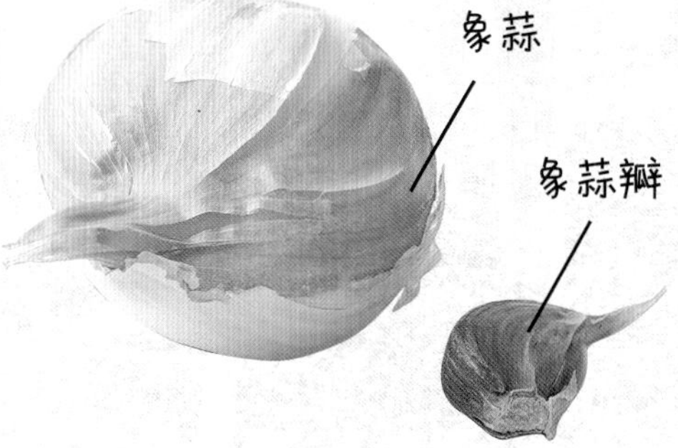

象蒜

象蒜瓣

象蒜是个头最大的大蒜。象蒜的鳞茎可以重达0.5千克或者更重！一个象蒜鳞茎大概有3~5瓣紫色的蒜瓣，每个蒜瓣可以长到3.8厘米大小。

象蒜也被称为俄罗斯蒜。俄罗斯移民在20世纪将象蒜带到了北美。它不是真正的大蒜，只是看起来像大蒜，且吃起来有柔和的大蒜的味道，它实际是一种韭葱，是另外一种和洋葱有关的蔬菜。

把我切碎吧！

完整的大蒜蒜瓣基本没什么味道，但当它被切开或者切碎的时候会释放出很强烈的味道。

一切都始于
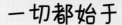
中亚

今天的大蒜是从5 000多年前在中亚发现的各种野生大蒜演变而来的，公元前3000年，大蒜被印度商人带到了中东和北非，之后传入欧洲。

神圣的大蒜！

圣经里也提到过大蒜，描述的是犹太人在逃出埃及的旅程中，回忆起了他们在被奴役时是如何吃大蒜、鱼和其他食物的。

亚洲和其他地区
仍然有野生大蒜。

印度商人把大蒜介绍给了古巴比伦人和亚述人，古巴比伦人和亚述人又把大蒜传给了邻近的文明。古埃及、古希腊、古罗马、古印度以及中国的历史记载中，均提到了大蒜。

从古时候开始，大蒜就一直是很重要的农作物。全世界的人们培育了很多品种的大蒜，不仅食用它们，也利用它们治疗疾病。

我的好处多多哦！

世界上的大蒜大部分产自

中国每年大概生产两千万吨大蒜，其他大蒜生产大国包括埃及、印度、俄罗斯、韩国和美国。

中国人对大蒜有不同的叫法，有小蒜、大蒜、胡蒜和蒜头等。

婚礼上的蒜

在中国的一些地方，人们会在婚礼喜宴上放置大蒜，有着落地生根，多子多孙的美好寓意。

华佗是中国东汉末年著名的医学家，传说他曾用大蒜当作驱虫的药物为人们治病。

华佗

你知道吗？ 在中国的很多地方都有腌制腊八蒜的习俗，把干净的蒜瓣和醋一起放入密闭的容器中放置一段时间，大蒜会变成绿色。腊八蒜酸甜可口，有蒜香又不辣，人们常认为它有解腻祛腥，帮助消化的作用。

你知道的，我还会"变色"呢。

试试这个！

大蒜酱

分量：3~4人份

配料

4汤匙（或¼杯）大蒜末
4汤匙（或¼杯）米醋
1汤匙酱油
2汤匙白砂糖

步骤

1. 把蒜末、米醋、酱油和白砂糖混合在一起，搅拌约1分钟。
2. 冷藏2个小时。
3. 加在蔬菜、鱼或肉菜里食用。

大蒜是中华饮食文化中的一种常用配料，可用于酱汁和很多蔬菜、肉类、鱼类等菜肴的烹饪，比如蒜蓉豆豉酱、蒜蓉虾、蒜蓉鸡肉或者牛肉以及各种炒菜。大蒜还可以生吃、炒着吃、晒干了吃、腌了吃或者炸着吃，也可以切末、切片、捣碎或者整个食用。

世界上另一个大蒜生产大国是

埃及

你知道吗？ 大蒜太珍贵了，以至于古埃及人把它们当作货币来使用。据说当时6.8千克大蒜可以买一个古埃及奴隶。

从建造金字塔开始，大蒜就已经是埃及历史中的一部分了。吉萨金字塔是公元前2500年左右为埃及法老建造的陵墓，那已经是大约4 500年前的事情了！大蒜在埃及的名字叫作tomaya。

大蒜在古埃及被当作食物和药材使用。埃及人会给建造金字塔的劳工吃大蒜，以增强他们的体力和耐力，且有助于保护劳工免受疾病侵害，使他们更加努力地工作更长时间。劳工们的饮食一般包括面包、大蒜和水。

从坟墓里逃出来我可太开心了！

古埃及人认为大蒜是神圣的。20世纪20年代，考古学家在埃及法老图坦卡蒙墓里散落的陶罐中，发现了大蒜鳞茎。另外，图坦卡蒙墓里有些陶罐的形状看起来也很像大蒜的鳞茎。

试试这个！

蒜味鹰嘴豆泥

分量：约4人份

配料

2杯包含汤汁的罐装鹰嘴豆
½杯芝麻酱和一些芝麻油
¼杯特级初榨橄榄油
2瓣去皮的蒜
1个柠檬榨汁，也可能会需要更多
盐和现磨黑胡椒粉，按口味添加
2汤匙孜然粉或红辣椒粉（留1汤匙作为装饰用）
香菜末，装饰用

步骤

1. 沥干鹰嘴豆的水分，汤汁放置一边备用。

2. 把鹰嘴豆、芝麻酱、孜然粉或红辣椒粉、橄榄油、大蒜和柠檬汁放入食物料理机中，加入盐和胡椒粉，启动料理机；按需加入鹰嘴豆中的汤汁或者水，打成细腻的泥状。

3. 品尝味道，并按照自己的口味需要加入盐、胡椒粉或者柠檬汁。淋上几滴橄榄油，撒点孜然粉或者红辣椒粉以及香菜末，即可端上桌享用。

埃及人的厨房里经常会用到大蒜。埃及厨师会用大蒜烹调鹰嘴豆泥和莫洛西亚苦菜汤等传统菜肴，制作炸豆丸子和富尔梅达梅斯（蚕豆泥）等流行菜，以及杂豆饭和沙瓦玛等街头小吃时，也会用到大蒜。

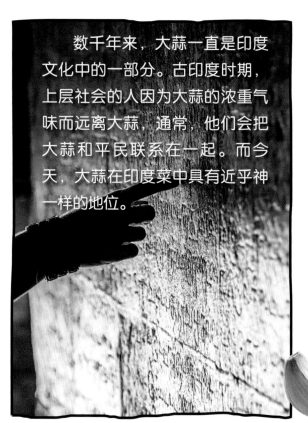

数千年来，大蒜一直是印度文化中的一部分。古印度时期，上层社会的人因为大蒜的浓重气味而远离大蒜，通常，他们会把大蒜和平民联系在一起。而今天，大蒜在印度菜中具有近乎神一样的地位。

世界第二大大蒜生产国，仅次于中国的

印度

大蒜在印度通用语言中有很多不同的名字。在印度最古老的书面语言梵文中，大蒜的意思为灵丹妙药，或者万能药。

开始庆祝吧！

古时候，印度曾举办过大蒜节。古印度文献中提到了一个节日，那时人们会把用大蒜编成的花环挂在窗户和屋顶上，同时也会戴在脖子上。

来吧，为我举办一个盛大的庆祝活动吧！

大蒜在印度食物中十分常见，从咖喱菜、配菜到街头小吃里都有大蒜。大蒜在印度菜中的地位仅次于姜和青辣椒，是印度家常菜的主要配料，可以生吃、捣碎了吃、切成末吃、腌了吃、烤着吃、炸着吃、切成片吃或做成蒜泥吃。

奶油鸡是一道很有名的用大蒜作为配料的印度菜，几乎印度西部联邦的所有餐馆里都有这道美味。

另一道非常有名的有大蒜的印度菜是咖喱鹰嘴豆，这道菜是印度北方人的最爱，在全世界都很受欢迎。

"盘尼西林！"，大蒜在
俄罗斯

传统俄罗斯菜的分量一般都很大，并且大多数是肉菜，里面会放很多大蒜和洋葱。俄罗斯人在午饭和晚饭时会吃生的洋葱和大蒜，尤其会将它们搭配在沙拉里一起食用。他们也会将生大蒜捣碎了抹在面包上吃，这和美国人吃黄油吐司的方法是一样的。

俄国饺子是俄罗斯的国菜，饺子里面包着用大蒜调味的肉馅和其他配料。有名的俄罗斯菜，比如俄式牛柳丝、甜菜汤、羊肉烩饭和烤蘑菇里，都会用到大蒜。

俄罗斯人的盘尼西林！

在第一次世界大战（1914-1918年）和第二次世界大战（1939-1945年）期间，俄罗斯军医把大蒜当作天然的抗生素来杀菌，以为受伤的士兵治疗。据说俄罗斯部队用了非常多的大蒜，以至于大蒜被称为"俄罗斯人的盘尼西林"。

俄罗斯莫斯科圣瓦西里大教堂那色彩斑斓的球形顶看起来就像大蒜或洋葱，这种特殊的球形顶也是俄罗斯各地教堂的一大特点。

嘿，那些球形顶看起来像我诶！

西班牙人把大蒜带入
菲律宾

西班牙人为菲律宾带来了很多精心制作的大蒜美食，在菲律宾的主要语言他加禄语中，大蒜被叫作bawang或者tumpok。

菲律宾菜是美国菜、中国菜、马来菜和西班牙菜融合的产物。在很多菲律宾菜中，大蒜是一种重要的调味品，一道十分有名的菲律宾菜叫香蒜炒饭。在菲律宾有一种说法是，没有香蒜炒饭的聚会不算一个聚会。

在菲律宾种植的大蒜有好几个品种，吕宋岛的伊罗戈地区是菲律宾最大的大蒜产区，因此大蒜被称为伊罗戈的"白色黄金。"

向大蒜致敬

菲律宾北伊罗戈的皮尼利是蒜农纪念碑的故乡，这一纪念碑由菲律宾艺术家拉斐尔·大卫雕刻而成。皮尼利旅游中心将它扩建成了一座具有教育意义的博物馆。

试试这个！

阿斗波是菲律宾的非正式国菜，是用大蒜、醋、酱油、香叶和胡椒籽烹制的鸡肉或者猪肉。

你知道吗？在菲律宾，大部分大蒜都需要进口。菲律宾本国产的大蒜要比从中国进口的大蒜个头小，但有着特殊的香气和让人难以忘怀的味道。

菲律宾鸡肉阿斗波

分量：6~8人份

配料

约2千克鸡大腿　　½杯酱油　　　　½杯白醋　　3片香叶
4瓣蒜，捣碎　　　1汤匙黑胡椒籽

步骤

1. 把以上所有配料放在锅中混合后，盖上锅盖，放入冰箱，腌渍约2~3小时。
2. 从冰箱中取出鸡肉，大火煮开后转小火，煨30分钟。过程中需要不时搅拌。
3. 揭开锅盖，再煨约20分钟直至酱汁黏稠，鸡肉熟透。
4. 关火，趁热食用。也可以搭配米饭一起食用。

你可以叫我bawang，也可以叫我tumpok，还可以叫我大蒜！

27

每年生产大蒜超过五亿吨的
美国

美国的大蒜产量在世界上名列前茅，其中大部分大蒜产自加利福尼亚州的吉尔罗伊。俄勒冈州和内华达州也是美国主要的大蒜种植地。

殖民地时期，来自波兰、德国和意大利的移民把大蒜带到了美国，但是印第安人在更早之前就开始食用一种生长在北美森林里的野生大蒜了。

美国每年出口的大蒜达数百万千克，大部分出口到加拿大和墨西哥。但是美国进口的大蒜也比任何一个国家都多，且这些大蒜大部分来自中国。

在美国，很多人尤其是上流社会的人，瞧不起吃大蒜的人。说话时被人闻到大蒜的气味，会被认为是品位低俗的表现。

18世纪，大蒜刚被介绍给美国人的时候，并不受欢迎，它几乎一直被用在为工人阶级准备的食物里。"大蒜味"变成了一种针对意大利移民的攻击性词语。

试试这个！

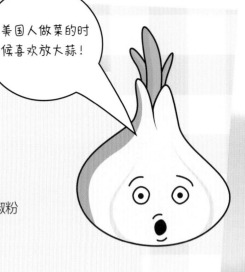

美国人做菜的时候喜欢放大蒜！

蒜香烤马铃薯　分量：4人份

配料

4个干净的中等大小的马铃薯

2汤匙橄榄油

2汤匙蒜盐（可以根据喜好调整用量）和黑胡椒粉

步骤

1. 将烤箱预热到190℃。

2. 在一个干净的保鲜袋中放入橄榄油，一次放入一个马铃薯。轻轻挤压袋子，使每个马铃薯都裹上油。

3. 在盘子中将蒜盐和黑胡椒粉混在一起，备用调味。

4. 把马铃薯从保鲜袋里取出来，在蒜盐和黑胡椒粉的调味盘上揉搓，使其蘸满调料。

5. 用叉子在马铃薯上插一些孔，并将马铃薯放入烤箱的烤架上烘烤。

6. 烘烤一个小时，或者直到感觉马铃薯摸起来软软的，即可趁热食用。

大蒜味

喝点儿柠檬汁或者吃几片柠檬，可以帮助去除嘴里的"大蒜味"。

20世纪20年代，美国人对大蒜的使用变得流行起来。到20世纪40年代，大蒜已经成为美国烹饪中的一种主要配料。从20世纪90年代开始，大蒜在美国的使用量翻了三倍，普通人每年大概要消耗1千克大蒜。

世界大蒜之都

加利福尼亚州的吉尔罗伊被称为"世界大蒜之都"，美国种植的大蒜大部分都产自这里。大蒜的味道席卷了吉尔罗伊整座城市，通常在炎热的下午时味道最为强烈。

在吉尔罗伊，白色的大蒜头形象随处可见，它们被刷在建筑物的墙上、画在窗户上等。大蒜这个词是这里很多商店店名的一部分，有的商店会卖大蒜毛绒玩具和大蒜摇头娃娃。这里还有一个大蒜游乐园。

"吉尔罗伊大蒜节"已经被吉尼斯世界纪录官方认证为世界上最大的大蒜节，这个为期3天的节日在每年的七月末举办。

作为一种庆祝家乡农作物的节日，大蒜节始于1979年。曾经很多市民对城市里的大蒜味道感到尴尬，但是第一届大蒜节就吸引了超过15 000人参加，并登上了全国的头条新闻。华盛顿邮报这样写道："在吉尔罗伊，味道无足轻重。"

一个值得去看一看、闻一闻、尝一尝的地方！

吉尔罗伊大蒜节中最好玩的部分是美食小巷。在一个巨大的户外厨房中，"火焰厨师"在大铁锅里烹制大蒜美食的同时，会进行十分壮观的火焰表演。在这里，深受大家欢迎的食物有蒜香面包、油炸蒜香乌贼肉、蒜香火焰虾、蒜香田鸡腿、蒜香巧克力和蒜香薯条等。从节日创始至今，已经有数百万来自世界各地的大蒜爱好者，来这里品尝过美味的大蒜食物。

在大蒜节上，也可以找到没有大蒜的食物，还可以搭乘"大蒜火车"进行游览。据说，在大蒜节之前就可以闻到空气中的大蒜味道了。

你可能已经在舔嘴唇了吧！

芝士蒜蓉面包

配料

1块法式或意式面包

2汤匙大蒜粉

5汤匙磨碎的帕尔马干酪

1块软黄油或稍微熔化的黄油

1汤匙干香菜

步骤

1. 将烤箱预热至190℃。
2. 把黄油、大蒜粉、帕尔马干酪、干香菜倒入一个大碗里混合，放置一边备用。
3. 拿出面包，切片但不切断。每片大概厚2.5厘米。在每片面包上抹上黄油混合物后，用铝箔纸把面包包好，并在上面留一个透气口。
4. 放入烤箱烘烤大约20分钟。趁温热食用。

世界上最长的蒜蓉面包

加拿大的艾蒂安·特里奥做出了世界上最长的蒜蓉面包。根据吉尼斯世界纪录记载，该面包长约16.71米！

很久以前大蒜就传入了
意大利

在罗马帝国时期，大蒜被用作食物、调料和药物。在罗马文字记载中，老普林尼写道，大蒜的气味可以驱赶蛇和蝎子。

据说，古罗马人会在战争之前给角斗士和士兵吃大蒜以鼓舞士气。此外，古罗马人在盛大的宴会上也会吃大蒜。

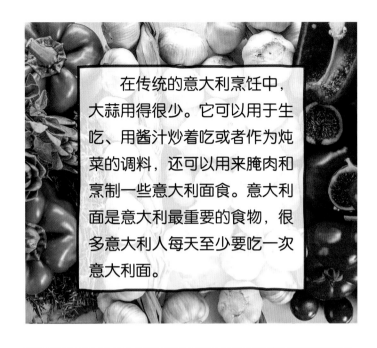

在传统的意大利烹饪中，大蒜用得很少。它可以用于生吃、用酱汁炒着吃或者作为炖菜的调料，还可以用来腌肉和烹制一些意大利面食。意大利面是意大利最重要的食物，很多意大利人每天至少要吃一次意大利面。

不是意大利的！

蒜蓉面包是美国人发明的，意大利人一般吃原味的面包。

你知道吗？ 18世纪时，大部分意大利人把大蒜看作是一种低等食物，主要是意大利北部的穷人才会吃。但最终大蒜成为意式烹调的一项主要内容，尤其是在意大利之外的地方。

意大利南方的厨师主要用大蒜来给比萨酱和其他菜肴增加一丝风味，但又不喧宾夺主掩盖菜肴的原味。然而在美国，意式风味菜肴里会用到很多很多大蒜。

意式蒜末烤面包是在面包上涂抹蒜末后烤制而成的一道开胃菜，在意大利很受欢迎。各种各样的意式蒜末烤面包通常都会配上番茄、奶酪、其他蔬菜以及腌肉。

Buon appetito! 在意大利语中是"好胃口"的意思！

试试这个！

意式蒜末烤面包

配料

1块意式（或法式）面包，切片并烤好

2瓣蒜

½杯特级初榨橄榄油

¼汤匙盐

¼汤匙胡椒粉

步骤

1. 用烤箱或者烤架将面包烤好。
2. 将大蒜剥皮后，擦在烤好的面包片上。
3. 用盐和胡椒粉给面包调味，并尝尝味道。
4. 为面包抹上橄榄油。
5. 趁热食用。

自古以来就使用大蒜的
希腊

大蒜对古希腊人来说非常珍贵，他们管臭臭的大蒜头叫"恶臭的玫瑰"。但是食用大蒜后嘴里有味道的人会被禁止进入希腊的寺庙。考古学家在约公元前1800年的古希腊寺庙周围，发现了保存完好的大蒜鳞茎。

古希腊举办第一届奥林匹克运动会时，希腊运动员会吃大蒜以提高他们在比赛中的成绩。这可能是最早的体育运动员使用"兴奋剂"的例子。

新娘来啦！

在古希腊，新娘手里拿的不是鲜花，而是用大蒜和其他草药做的手捧花。这么做主要是为了驱邪。

现在，很多希腊菜中都会用大蒜来当作配料。大蒜、洋葱还有橄榄油会被一起用来提升各种肉菜、海鲜和新鲜蔬菜的风味。大蒜蘸料是经典的希腊餐的一部分。

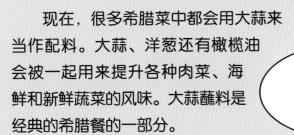

有的人爱我，有的人恨我！

酸奶黄瓜酱是一种非常受欢迎的希腊蘸料，由酸奶、黄瓜、大蒜和新鲜的香草做成。酸奶黄瓜酱可以放到沙拉中拌着吃，也可以作为薯条或者蔬菜的蘸料，还可以作为肉类和鱼类的酱料。酸奶黄瓜酱最流行的吃法是和希腊卷饼一起吃，希腊卷饼是一种用猪肉或者鸡肉做的三明治，一般搭配番茄、洋葱和皮塔饼一起食用。

另一种有名的蘸料是蒜味土豆泥蘸酱，这种有着浓烈气味的蘸料里放了很多生大蒜。可以常温食用也可以冷藏之后食用。

1548年，大蒜被带到了

英国

现在，大蒜是英式烹饪的常用配料，但它可不是从一开始就是英国人厨房里的主要食物或者调味料。实际上，那时候做饭用大蒜是很不常见的烹饪方法，会被认为是很奇怪的行为。

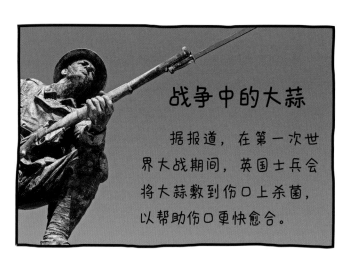

战争中的大蒜

据报道，在第一次世界大战期间，英国士兵会将大蒜敷到伤口上杀菌，以帮助伤口更快愈合。

虽然大蒜在英国的流行度越来越高，但是它仍然是很多英国人不能接受的东西。据说英国女王伊丽莎白二世就不喜欢大蒜，严禁宫廷厨师在任何皇家宴会的准备过程中使用大蒜，包括给女王和所有其他王室成员准备的饭食中，都不允许使用大蒜。

在英国，在教堂庭院里种植大蒜花已经有数百年历史了。在英国的林地里，也有各种各样的野生大蒜品种。

对你来说，我看起来奇怪吗？

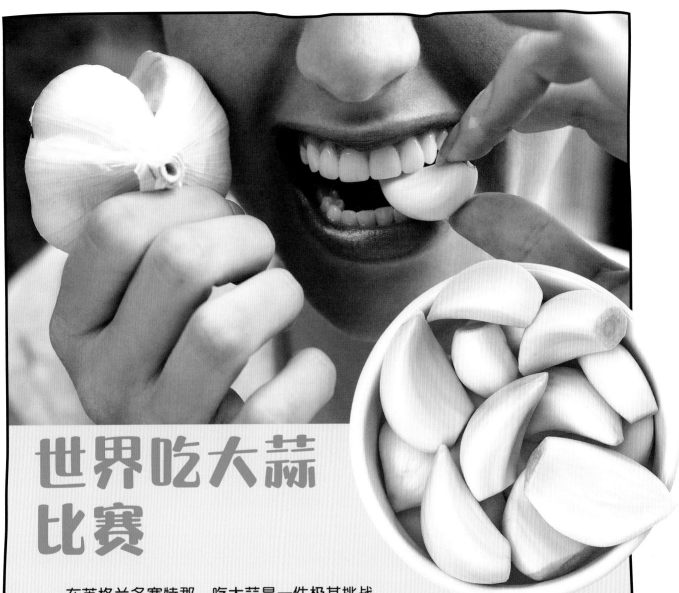

世界吃大蒜比赛

在英格兰多塞特郡，吃大蒜是一件极其挑战的事情。这个位于英格兰西南部的郡，每年都会举办世界吃大蒜比赛。一个当地的农场会为这场辣味十足的比赛提供大蒜，参赛者必须在五分钟的时间里，尽可能多地吃生大蒜瓣。

2013年首届比赛的冠军西多塞特郡查茅斯村的奥利佛·法默至今仍是世界纪录的保持者，他一共吃了49瓣蒜，打败了其他25位参赛者。当然，参赛者们浑身都充满了大蒜味。

世界纪录！

大卫·格里曼是"一分钟吃大蒜"的吉尼斯世界纪录的保持者，他在一分钟时间内吃了33个大蒜瓣。

39

民间传说

大蒜经常被认为有助于预防感冒、除疣、祛痘、治疗牙疼以及其他多种病痛。一些民间传说还有大蒜可以驱魔。

古埃及人把大蒜用于一些特殊的仪式里，认为大蒜可以延长生命。

古希腊人把大蒜挂在十字路口的石头上，认为大蒜会使恶魔迷路。另一种民间传说里提到，把大蒜挂在门上和窗户上，或者装在口袋里随身携带，可以吓跑女巫和狼人。

大蒜很久以前就被用作"爱情药水"的成分，可以让人爱上你！

迷信说做梦梦到大蒜会带来好运。还有说法是如果把蒜片放在鞋子里可以治好百日咳。

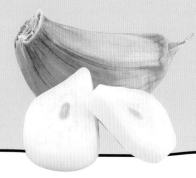

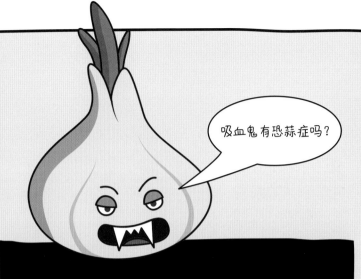

谁害怕大蒜！

有的人很怕大蒜，他们有一种对大蒜的恐惧症，或者说极度恐惧大蒜，又叫作恐蒜症。有恐蒜症的人一靠近大蒜就浑身颤抖或者呼吸困难。他们可能也需要避免接触洋葱和其他有强烈气味的植物。

吸血鬼有恐蒜症吗？

关于大蒜最有名的迷信传说就是认为它可以吓跑吸血鬼。吸血鬼是一种死人，据说他们会在晚上起来咬人并吸食睡梦中的人的血。传说吸血鬼不喜欢大蒜的味道，所以如果把大蒜擦在门框上，或者在脖子上戴一圈大蒜头，可以吓跑吸血鬼。

如何购买大蒜

1. 大蒜鳞茎应该又干又沉。

2. 蒜瓣应该是硬的、丰满的且紧实的，而不是软的像海绵一样，或者干瘪的。

3. 选蒜皮比较多的鳞茎。

4. 避开那些有绿芽的大蒜，因为它们已经不新鲜了。

5. 不要买已经剁碎的大蒜，它已经失去了大部分的味道和对人体健康有益的部分。

我看起来够圆润吗？

黏黏糊糊的东西！

用大蒜瓣黏黏的蒜汁可以做出胶水。

自己种大蒜

在菜园或者后院种大蒜是一个很棒的选择，大蒜几乎在任何气候条件下都很容易种植。它不需要很大的地方，也不需要过度打理。

第一件需要你决定的事情就是种植哪一种大蒜，根据你居住地的气候条件来决定种植软茎大蒜还是硬茎大蒜。软茎大蒜在气候温和的地方长势最好，而硬茎大蒜比较适合冬天的环境。有的人会同时种植两个品种。

秋天是种植大蒜最好的季节，你只需要一个阳光充足的地方和一些花盆土。如果用容器种植，要确保容器底部有排水口。

为大蒜庆祝！

4月是美国的国家大蒜月。4月19日是美国的国家大蒜日。

一个庆祝的理由！

把大蒜鳞茎掰成一个一个的蒜瓣。在排水良好的田地里，将每个蒜瓣在一个洞或者一个沟间隔15厘米左右种下，确保大蒜尖朝上。用土把大蒜尖盖起来，当大蒜生出绿芽的时候，在周围放上护根。当霜冻开始时，把大蒜全部盖上，以免幼苗被冻伤。

春天的时候，把护根揭开，让新苗可以晒到太阳。如果土干了，需每周浇一次水。

七月末，当叶子开始枯萎或者变黄的时候，就可以收获大蒜了。用园艺铲或者园艺叉轻轻把大蒜鳞茎从土里挖出来，然后把鳞茎放在温暖通风的地方风干几天。

一旦大蒜鳞茎风干之后就要开始储存了。把鳞茎上残留的土去掉，把茎去掉或者编起来。最好把大蒜放在金属架子上，或者把编好的茎挂起来，以便保持周围空气流通。在凉爽干燥的地方，鳞茎可以保存三个月或更长时间。

趣味问答

刚刚跟随大蒜完成环球旅行之后，你还记得多少知识内容呢？来回答下面这些有趣的问题吧，答案是前面出现过的国家或地区的名称。

1. 古时候大蒜节在哪里举办？

2. 在哪里大蒜被认为是非常神圣的？

3. 哪里的新娘们用大蒜和其他草药制作手捧花？

4. 哪里是最早种植大蒜的？

5. 在哪里战士们在战斗前会食用大蒜以鼓舞士气？

6. 一年一度的世界吃大蒜比赛在哪里举办？

7. 世界上的大蒜大部分产自哪里？

8. 哪里有类似大蒜形状的圆顶教堂？

9. 世界上最大的大蒜节在哪里举办？

10. 哪里有大蒜博物馆和大蒜种植者纪念碑？

答案：

1. 印度
2. 埃及
3. 希腊
4. 中亚
5. 意大利
6. 英国
7. 中国
8. 俄罗斯
9. 美国
10. 韭菜苔

词汇表

烩饭： 用大米或碾碎的麦粒和羊肉、家禽肉或鱼肉一起煮制，用各种香料和葡萄干调味。

煎： 在锅里用少量的油烹制或焙炒。

韭葱： 一种蔬菜，叶子长长的。

恐惧症： 对某种或某类东西感到莫名的害怕。

恐蒜症： 害怕大蒜。

莫洛西亚苦菜汤： 一种埃及汤菜，用切碎的苦菜叶子加上香菜粉和大蒜做成。

沙瓦玛： 一种有名的埃及街头小吃，将烤熟的肉卷在类似希腊卷饼中，搭配埃及芝麻酱和大蒜酱一起食用。

调料： 用来给食物增加风味和滋味的东西。

珠芽： 有肉质鳞片的气生芽，代替花，如大蒜顶端的"花"。

鹰嘴豆泥： 一种中东开胃菜，用鹰嘴豆粉、芝麻油、大蒜和香菜做成的浓浓的涂抹酱或蘸酱。

炸豆丸子： 一种中东菜，用油炸鹰嘴豆泥或蔬菜做的小球，和皮塔饼一起蘸酱汁吃。

杂豆饭： 一种埃及街头小吃，用米饭、通心粉、扁豆、鹰嘴豆和大蒜做成，搭配炸洋葱和浓稠的红酱（有时是辣椒酱）食用。

感谢你的一路陪伴！

温馨提示

在厨房处理食物时，请牢记这些提示，以确保你的烹饪工作顺利、安全地进行。
接下来，享用你制作的美味佳肴吧！

- 在开始准备食物之前、在接触过生鸡蛋或肉之后，都需要清洗双手。
- 彻底清洗水果和蔬菜。
- 处理火锅、平底锅或托盘时，请戴上烤箱手套。
- 使用刀具、燃气灶或烤箱时，请成年人来帮忙。

版权贸易合同登记号　图字：01-2022-6725

图书在版编目（CIP）数据

一脚踏进美食世界. 大蒜 / 美国世界图书出版公司著；柳玉译. -- 北京：电子工业出版社，2023.6
ISBN 978-7-121-45274-1

Ⅰ.①一… Ⅱ.①美… ②柳… Ⅲ.①大蒜－少儿读物 Ⅳ.①TS2-49

中国国家版本馆CIP数据核字(2023)第071426号

责任编辑：温　婷
印　　刷：天津图文方嘉印刷有限公司
装　　订：天津图文方嘉印刷有限公司
出版发行：电子工业出版社
　　　　　北京市海淀区万寿路173信箱　邮编：100036
开　　本：889×1194　1/16　印张：24　字数：202千字
版　　次：2023年6月第1版
印　　次：2023年6月第1次印刷
定　　价：208.00元（全8册）

凡所购买电子工业出版社图书有缺损问题，请向购买书店调换。若书店售缺，请与本社发行部联系，联系及邮购电话：(010) 88254888 或 88258888。
质量投诉请发邮件至 zlts@phei.com.cn，盗版侵权举报请发邮件至 dbqq@phei.com.cn。
本书咨询联系方式：(010) 88254161 转 1865，dongzy@phei.com.cn。